技工院校机械类专业通用（高级技能层级）

金属切削机床（第二版）习题册

孙喜兵　主　编

中国劳动社会保障出版社

简介

本习题册是技工院校机械类专业通用教材（高级技能层级）《金属切削机床（第二版）》的配套用书。本习题册紧扣教学要求，按照教材章节顺序编排，知识点分布均衡，题型丰富多样，难易配置适当，有助于学生复习巩固所学知识。

本习题册由孙喜兵任主编，徐小燕、魏小兵、郭成东参加编写，崔兆华任主审。

图书在版编目（CIP）数据

金属切削机床（第二版）习题册：技工院校机械类专业通用：高级技能层级 / 孙喜兵主编．-- 北京：中国劳动社会保障出版社，2025. -- ISBN 978-7-5167-6966-9

Ⅰ. TG502-44

中国国家版本馆 CIP 数据核字第 2025VX7440 号

中国劳动社会保障出版社出版发行

（北京市惠新东街 1 号　邮政编码：100029）

*

北京市科星印刷有限责任公司印刷装订　　新华书店经销

787 毫米 × 1092 毫米　16 开本　2.5 印张　55 千字

2025 年 4 月第 1 版　　2025 年 4 月第 1 次印刷

定价：6.00 元

营销中心电话：400-606-6496

出版社网址：https://www.class.com.cn

https://jg.class.com.cn

目　录

第一章　金属切削机床基础知识

第一节　机床的分类与型号

一、填空题（将正确答案填写在横线上）

1. 机床按加工对象和工艺范围不同可分为__________、____________和__________。

2. 机床按质量和尺寸不同可分为__________、_________、__________、__________、____________。

3. 主参数相同而______、______不同的机床，在型号中用____________________代表结构特性代号予以区分。

4. 在同一类机床中，__________或__________基本相同的机床为同一组。

5. X5032 型立式升降台铣床型号中的主参数“32”表示________________，采用的折算系数为__________，其工作台面宽度为_________ mm。

6. 专用机床的设计顺序号按该单位的__________排列，由 001 起始，位于________________之后，并用“–”隔开。

二、判断题（正确的打“√”，错误的打“×”）

1. 专门化机床工艺范围比专用机床广。　（　　）

2. 当某类型机床除有普通型外，还有某种通用特性时，则用大写的汉语拼音字母加在类代号之前表示。　（　　）

3. 为避免混淆，通用特性代号已采用的字母和 I、O 两个字母都不能用作结构特性代号。　（　　）

4. 机床局部的小改进，或增减某些附件、测量装置及改变装夹工件的方法等，都是对机床进行了改进，其型号后面都要加字母以区别于原机床型号。　（　　）

5. 通用机床的设计顺序号由 1 起始，当设计顺序号小于 10 时，由 00 开始编号。　（　　）

三、简答题

1. 机床按工作原理不同可分为哪几类？其类代号分别用什么表示？

2．写出下列机床型号中每个字符的含义。

（1）CA6140

（2）X6030

（3）Y7132A

3．在机床型号中，机床的特性代号有哪几种？它们分别是如何规定的？

4．在机床型号中，主轴数和第二主参数的表示方法是如何规定的？

第二节　机床的运动

一、填空题（将正确答案填写在横线上）

1．成形运动按其组成情况不同可分为__________运动和__________运动两种。

2．在机床上，简单运动一般以主轴的__________、刀架或工作台的__________形式出现。

3．用螺纹车刀车削螺纹，螺纹车刀是成形刀具，其形状相当于螺纹沟槽的截面，形成螺旋面只需一个运动，即车刀相对于工件做__________。

4．车床上的主运动是____________________________，铣床上的主运动是_____________________________，龙门刨床上的主运动是工作台带动工件的________________。

5．进给运动是_________________的运动。进给运动可以是____________，也可以是__________。

二、判断题（正确的打“√”，错误的打“×”）

1．复合成形运动分解的各部分也都是直线或旋转运动，与简单成形运动相像，因此本质是相同的。（　　）

2．主运动是产生切削的运动，都是由刀具来实现的。（　　）

3．在表面成形运动中，必须有且只能有一个主运动。（　　）

4．多工位机床的多工位工作台或多工位刀架的周期性转位或移位也是分度运动。（　　）

三、简答题

1．什么是简单运动和复合运动？其本质区别是什么？试举例说明。

2. 机床上的辅助运动有哪几种？其含义是什么？

第三节 机床的传动系统

一、填空题（将正确答案填写在横线上）

1. 为了实现加工过程中所需的各种运动，机床必须具备________、________、________三个基本部分。

2. 传动件是________________的装置，它把________和________或有关的执行件之间联系起来，使执行件获得__________和______的运动，并使有关执行件之间保持某种________________关系。

3. 车削螺纹时，从电动机传到机床主轴的传动链是________传动链，它只影响________________的快慢，而对__________________无影响。

4. 在机床传动中，为了使执行件获得所需的运动，或使有关的执行件之间保持某种确定的运动关系，传动链中通常有__________和__________两类传动机构。

5. 机床传动系统图简明地表示出机床的__________和__________________。

二、判断题（正确的打"√"，错误的打"×"）

1. 传动链的传动比等于传动链中各组成传动副传动比连乘积的倒数。（ ）

2. 通常，机床有几种运动，就相应有几条传动链。（ ）

3. 定比机构的传动比可以根据需要进行变换。（ ）

三、选择题（将正确答案的代号填入括号内）

1. 运动源是为执行件提供运动和动力的装置，下列选项中不属于运动源的是（ ）。

A. 交流异步电动机　　B. 直流发电机

C. 交流调速电动机　　D. 伺服电动机

2. 下列机构属于换置机构的是（ ）。

A. 定比齿轮传动　　B. 蜗轮蜗杆传动

C. 滑移齿轮变速机构　　D. 带传动

四、简答题

1．为实现加工中所需的各种运动，机床必须具备哪三个部分？它们各自起什么作用？

2．什么是外联系传动链？什么是内联系传动链？举例说明对这两种传动链的不同要求。

第二章 车 床

第一节 卧式车床的工艺范围及其组成

一、填空题（将正确答案填写在横线上）

1. 车床在金属切削加工中的应用范围极为广泛。通常情况下，在机械制造企业中，车床占机床总数的__________。

2. 生产中应用最多的是卧式车床，它适用于加工各种轴类、套筒类和盘盖类零件上的各种回转表面，主要内容包括________、________、________、________、________、________、________、________、________、________、________等。

3. 车床的主运动就是__________，其特点是________，__________。它的计量单位常用________表示，其功用是使________间做相对运动。

4. 床身是车床上精度要求很高、带有____导轨和___导轨的一个大型____部件，用于支承和连接车床的各部件，并保证各部件在工作时具有准确的______。

二、判断题（正确的打"√"，错误的打"×"）

1. 车床进给运动的功用是使毛坯上新的金属层被不断地切削，以便切削出整个加工表面。（ ）

2. 溜板箱用来把主轴的转动传递给进给箱。（ ）

3. CA6140 型卧式车床床身上最大回转直径为 400 mm。（ ）

4. CA6140 型卧式车床纵向快移速度与横向快移速度相同。（ ）

三、选择题（将正确答案的代号填入括号内）

1. CA6140 型卧式车床的第二主参数是（ ）。

A. 床身上最大回转直径

B. 最大加工长度

C. 主轴转速

D. 主轴数

2. CA6140 型卧式车床主轴正转转速有（ ）种。

A. 24　　B. 9

C. 32　　D. 18

3. CA6140 型卧式车床尾座套筒的锥度为（ ）。

A. 莫氏 4 号

B. 莫氏 2 号

C. 莫氏 3 号

D. 莫氏 5 号

四、简答题

1．什么是车床的进给运动？其特点和功用是什么？

2．简述溜板箱的作用。

第二节　CA6140 型卧式车床的传动系统

一、填空题（将正确答案填写在横线上）

1．由电动机到主轴的传动链，即实现主运动的传动链称为________________；由主轴到刀架的传动链，即实现进给运动的传动链称为__________________。

2．主运动是将电动机的转动传给主轴，该传动链使主轴获得_______级正转转速和_______级反转转速。同时，完成主轴的______、______、______和______。

3．CA6140 型卧式车床可车削________、________、________和________四种标准螺纹，另外还可加工________螺纹、________螺纹和________螺纹。

4．CA6140 型卧式车床可以通过四种不同的传动路线表达式实现进给运动，从而获得纵向和横向进给量各_____种。

二、判断题（正确的打“√”，错误的打“×”）

1．米制螺纹标准螺距值的排列为分段等差数列。（　　）

2．控制刀架快速移动的快速电动机既能正转，也能反转，从而可实现双向移动。（　　）

三、简答题

1．结合教材图 2–3，试写出 CA6140 型卧式车床主运动传动路线表达式。

2．结合教材图 2–3，列出 CA6140 型卧式车床主运动传动链正转时最高和最低转速的运动平衡式并计算其转速值。

3．CA6140 型卧式车床中加工英制螺纹与加工米制螺纹的传动路线为什么不相同？有什么不同？

4．为什么 CA6140 型卧式车床能加工大导程螺纹？此时主轴为什么只能以低转速旋转？

第三节　CA6140型卧式车床的主要结构

一、填空题（将正确答案填写在横线上）

1．主轴箱主要由__________、____________、__________________、__________和__________等组成。

2．在卸荷式带轮装置中，当带轮通过花键套的内花键带动轴旋转时，V带的拉力经轴承、法兰传至箱体，这样轴就免受__________，减少了__________，提高了___________。

3．双向多片式摩擦离合器的内外摩擦片在松开时的间隙应适当，间隙太大时无法压紧，摩擦片之间会出现______现象，不能传递___________，影响车床功率的正常传输，切削过程中易产生“闷车”现象，摩擦片容易被______。

4．主轴箱内传动轴转速较高，通常采用_______________或_______________支承，一般采用________结构，对于较长的传动轴，为提高刚度，也可采用________结构。

5．主轴部件主要由______、________________和安装在主轴上的______等组成。主轴是外部有______、内部空心的______轴。

6．进给箱主要由________________、___________、___________________________和__________等组成。

7．溜板箱内包含实现刀架快慢移动转换的_____________，起过载保护作用的____________，接通、断开丝杠传动的_______________，接通、断开和转换纵横向机动进给运动的____________，以及避免运动干涉的____________。

二、判断题（正确的打“√”，错误的打“×”）

1．制动摩擦力矩的大小只能通过更换制动带进行调整。　（　　）

2．摩擦离合器的压紧和松开通过联动结构的操纵机构实现。　（　　）

3．采用三支承结构的箱体加工工艺性较好，但前、中、后三个支承孔很难保证有较高的同轴度，因而主轴安装时易产生变形，影响传动件精确啮合。　（　　）

4．主轴前端与卡盘或拨盘等夹具结合部分采用短锥法兰式结构。　（　　）

5．为避免光杠和快速电动机同时驱动同一运动部件而使其损坏，在溜板箱中使用单向超越离合器。　（　　）

6．单向超越离合器主要用于有快、慢两个运动交替传动的轴上，以实现运动的快速、慢速自动转换。　（　　）

7．溜板箱中设有互锁机构，以防止同时将丝杠和纵横向机动进给（或快速运动）接通而损坏机床。　（　　）

8．调整尾座的横向位置，可以用来车削锥度较大的锥面。　（　　）

三、选择题（将正确答案的代号填入括号内）

1．（　　）可使机床的传动零件在过载时自动断开传动，以免机构发生损坏。

A．安全离合器　　B．超越离合器

C．齿式离合器　　D．摩擦离合器

2.（　　）的功用是接通和断开从丝杠传来的运动。

A．互锁机构　　　　　　B．开合螺母机构

C．变速机构　　　　　　D．单向超越离合器

3．横向进给丝杠采用（　　）结构。

A．差动螺旋传动　　　　B．滚珠螺旋传动

C．圆螺母　　　　　　　D．可调的双螺母

四、简答题

1．根据图 2–1 所示双向多片式摩擦离合器和制动装置的操纵机构，描述主轴正反转和停止的操作过程。

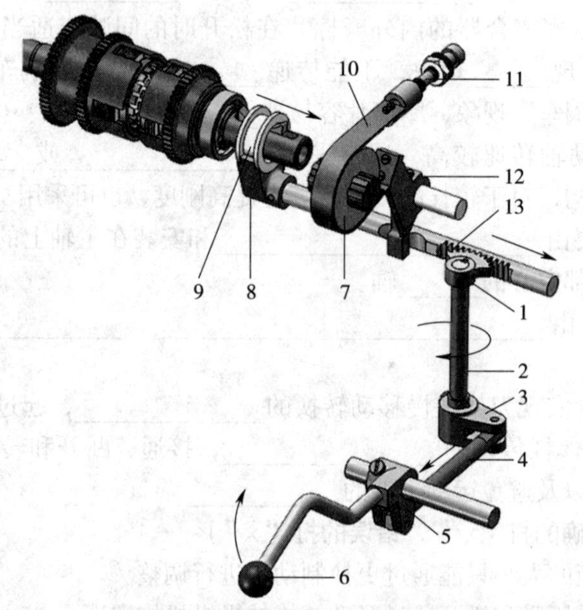

图 2–1　双向多片式摩擦离合器和制动装置的操纵机构

1—扇形齿轮　2—轴　3、5—曲柄　4—连杆　6—手柄　7—制动轮　8—拨叉

9—滑环　10—制动带　11—调整螺钉　12—杠杆　13—齿条轴

2. 根据图 2–2 所示纵横向机动进给操纵机构，描述需要做横向进给运动时的操作过程。

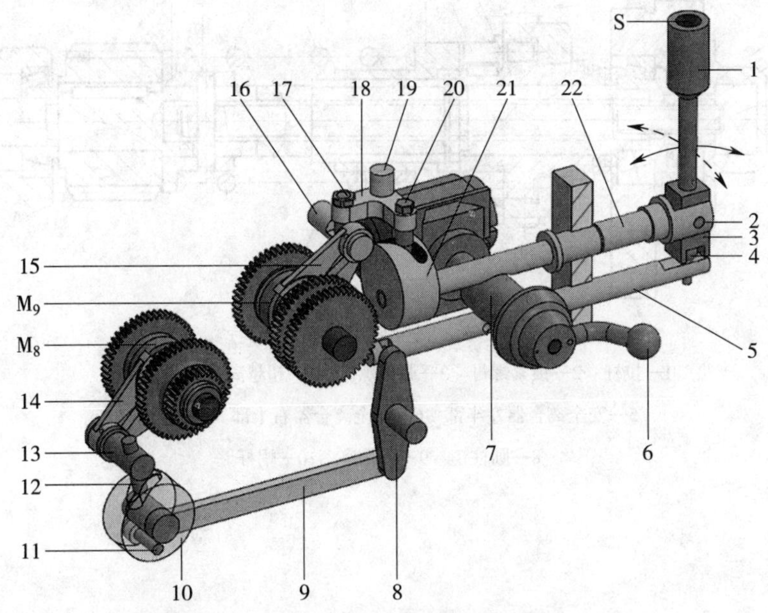

图 2–2　纵横向机动进给操纵机构

1—手柄　2—销轴　3—手柄下端　4—球头销　5、7、13、16、19、22—轴

6—开合螺母手柄　8、18—杠杆　9—连杆　10、21—凸轮

11—偏心销　12、17、20—圆销　14、15—拨叉

3．根据图 2–3 所示安全离合器的结构，简述安全离合器的工作原理。

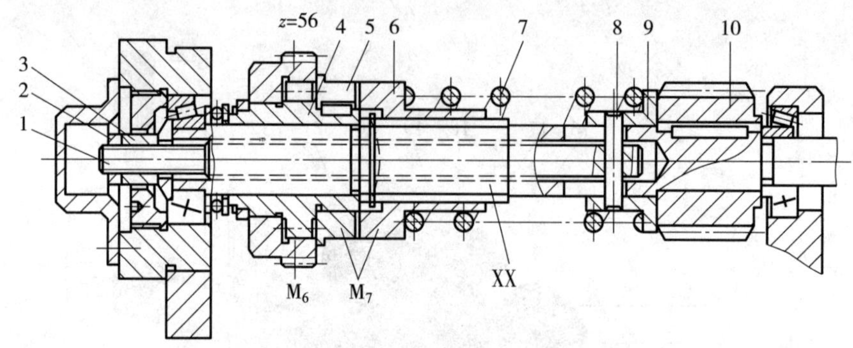

图 2–3　安全离合器的结构

1—拉杆　2—锁紧螺母　3—调整螺母　4—超越离合器的星形体

5—安全离合器左半部　6—安全离合器右半部　7—弹簧

8—圆柱销　9—弹簧座　10—蜗杆

第四节　CA6140 型卧式车床的常用附件

一、填空题（将正确答案填写在横线上）

1．常用的三爪自定心卡盘规格有________mm、________mm、__________mm 等。

2．三爪自定心卡盘的卡爪有_______和_______两种。正卡爪用于装夹______________和________________的工件，反卡爪用于装夹________________的工件。

3．四爪单动卡盘有四个________________的卡爪，各卡爪背面都有________________与______啮合。

4．四爪单动卡盘适用于装夹______或____________的工件。

5．后顶尖分成__________和__________两类。前顶尖有__________________________

__________的前顶尖和____________________________的前顶尖两种类型。

6．普通固定顶尖用于______切削，镶硬质合金固定顶尖可用于______切削。

7．在车刚度低的细长轴，或是不能穿过车床主轴孔的粗长工件以及孔与外圆同轴度精度要求较高的较长工件时，往往采用中心架__________和__________。

8．滚动轴承中心架的结构与普通中心架相同，区别在于支撑爪前端有三个滚动轴承，以__________代替__________。

9．常用的跟刀架有______跟刀架和______跟刀架两种。

10．常用的心轴有______心轴和______心轴等。实体心轴分__________和________两种。

11．V 形架的工作面是一条______槽，其夹角有______和______两种。

12．角铁通常由______制造而成，常用的角铁为____________，其工作面为角铁上两个__________的表面，精度要求较高，必须经过磨削或精刮。非 90° 角铁称为__________。

二、判断题（正确的打“√”，错误的打“×”）

1．由于三爪自定心卡盘的三个卡爪是同步运动的，能自动定心，因此工件装夹后不需要进行找正。（　）

2．四爪单动卡盘找正比较费时，但夹紧力大。（　）

3．固定顶尖的优点是定心好，刚度高，切削时不易产生振动，不容易磨损和产生较多热量。（　）

4．回转顶尖定心精度不如固定顶尖高，刚度也稍低。（　）

5．前顶尖与工件中心孔无相对运动，不产生摩擦。（　）

6．中心架的支撑爪通常采用青铜、球墨铸铁、胶木、尼龙 1010 等材料，可以防止研伤工件。（　）

7．小锥度心轴制造容易，定心精度高，轴向可以通过台阶定位。（　）

8．长期使用的胀力心轴可用 65Mn 弹簧钢制成。（　）

三、简答题

1．简述三爪自定心卡盘的工作原理。

2．简述跟刀架的工作原理和作用。

第五节　其他类型车床

一、填空题（将正确答案填写在横线上）

1．立式车床有________和______两种。

2．立式车床主轴______布置，一个直径很大的圆形工作台呈______布置，供装夹工件用，从而使笨重工件的______和______较为方便。

3．立式车床主要用于加工________大而________相对较小且________的大型或重型工件。

4．回轮车床、转塔车床是在______的基础上发展起来的，它们没有______和______，在尾座的位置上有一个可以______移动的多工位______，其上可装夹多把刀具。

5．转塔车床除了有一个前刀架，还有一个______刀架。前刀架既可做______进给运动，切削大直径的________，也可做______进给运动，加工______和________。

6．在回轮车床上没有______刀架，只有一个可绕水平轴线转位的________刀架，其回转轴线与主轴轴线______。

7．落地车床适用于车削直径为____________mm的直径大、长度短、质量较轻的______、______、______工件等。它无______、______，没有______。

8．自动车床按主轴的数目可分为______和______，按结构形式可分为______和______，按自动控制方式可分为______控制、______控制、______控制、______控制等。

二、判断题（正确的打“√”，错误的打“×”）

1．单柱立式车床加工直径一般小于1 600 mm，双柱立式车床加工直径超过2 500 mm。　（　　）

2．立式车床加工时，由于工件与工作台的重力由床身导轨或推力轴承承受，大大减轻了主轴及其轴承的载荷，因此有助于保证加工精度。　（　　）

3．转塔车床不能车削螺纹。　（　　）

4．回轮车床、转塔车床在成批生产中，特别是在加工形状简单的工件时，生产效率比卧式车床高。　（　　）

5．落地车床适用于单件、小批量生产。　（　　）

6．落地车床承载能力大，刚度高，操作方便，是加工各种轮胎模具及大平面盘类、环类工件的理想设备。　（　　）

7．自动车床必须由操作者卸下加工完毕的工件，装上待加工的坯料并重新启动车床，才能开始下一个新的工作循环。　（　　）

三、选择题（将正确答案的代号填入括号内）

1．转塔车床共有（　　）个溜板箱。

A．1　　B．2　　C．3　　D．4

2．单轴转塔自动车床床身的右上方装有可做纵向进给运动的（　　）刀架，用于完成车外圆、钻孔、扩孔、铰孔、攻螺纹和套螺纹等工作。

A. 前　　　　　　　B. 转塔　　　　　　　C. 上　　　　　　　D. 后

3.（　　）车床具有较高的生产效率，可用于成批大量生产台阶轴和盘类、轮类工件。

A. 转塔　　　　　　B. 回轮　　　　　　　C. 多刀　　　　　　D. 数控

四、简答题

立式车床加工工件的类型有哪些？

第三章 铣 床

第一节 铣床的工艺范围及其组成

一、填空题（将正确答案填写在横线上）

1. 用________的铣刀在工件上切削各种________或________的方法称为铣削，就是以__________作为主运动，________或________移动作为进给运动的切削加工方法。

2. 铣床加工基本内容包括__________________、__________________、__________________、__________________、__________________、__________________、__________________、__________________、__________________、__________________、__________________和__________________。

3. 底座用来支承________，承受铣床全部质量，盛储__________。

4. 主轴为___________的空心轴，锥孔的锥度为________，用来安装铣刀刀杆和铣刀。主电动机输出的________运动，经主轴变速机构驱动主轴连同铣刀一起________，实现主运动。

5. 铣削时________用来带动工作台实现横向进给运动。在________与工作台之间设有回转盘，可以使工作台在水平面内实现________范围内的偏转。

二、选择题（将正确答案的代号填入括号内）

1. 主轴变速机构安装于床身内，其功用是将主电动机的额定转速通过齿轮变速，转换成 30 ~ 1 500 r/min 的（　　）级主轴转速，以适应不同铣削速度的需要。

A. 24　　B. 6　　C. 18　　D. 12

2. X6132 型卧式万能升降台铣床工作台纵向进给速度最小为（　　）mm/min。

A. 23.5　　B. 66　　C. 8　　D. 32

3. X6132 型卧式万能升降台铣床是目前我国企业中应用较为普遍的一种铣床，其结构、性能、功用等诸多方面均非常有代表性，以下对其描述正确的是（　　）。

A. 用于加工单件、小批量生产中的大型和重型零件

B. 转速高，变速范围大，操作方便、灵活，通用性强

C. 结构小巧，组合面较多，刚度较低，万能性较强

D. 具有较高的生产效率，可用于批量生产

第二节 X6132 型卧式万能升降台铣床的传动系统

一、填空题（将正确答案填写在横线上）

1. X6132 型卧式万能升降台铣床的传动系统一般由________________、____________

________和________________________组成。

2．进给运动传动链和工作台快速移动传动链的传动，使机床获得__________、________和________三个方向的工作进给运动或________移动，以满足不同的加工需要。

3．主运动传动链的两端件是__________和________。主轴的启动、反转是利用______________________来实现的。

4．进给运动和快速移动传动系统的作用是把____________________转换成工作台的纵向、横向和垂直三个方向的运动。

5．X6132 型卧式万能升降台铣床还可以通过________________的手轮或与________相连的手柄实现手动进给。

二、判断题（正确的打“√”，错误的打“×”）

1．每个进给运动运动方向的改变是通过改变进给电动机的旋转方向。（　　）

2．主电动机的旋转运动和转矩经齿轮联轴器传至主轴箱中的轴、滑移齿轮等实现变速，最后使主轴得到 18 级不同的转速。（　　）

三、选择题（将正确答案的代号填入括号内）

1．X6132 型卧式万能升降台铣床主轴的制动是利用轴上的（　　）来实现的。

A．齿轮离合器　　B．电磁制动器　　C．弹性联轴器　　D．滑移齿轮

2．三个进给方向的运动是用机械和（　　）的方法实现互锁，使之同一时刻只能接通某一方向的运动，以防止因误操作而发生事故。

A．电气　　B．液压　　C．气压　　D．电磁

四、简答题

1．列出 X6132 型卧式万能升降台铣床主运动的传动路线表达式。

2．描述教材图 3–4 中 X6132 型卧式万能升降台铣床快速移动传动路线，并列出传动路线表达式。

第三节 X6132型卧式万能升降台铣床的主要结构

一、填空题（将正确答案填写在横线上）

1. X6132型卧式万能升降台铣床的主轴是________轴，前端有_________的精密锥孔，用于安装铣刀刀柄或铣刀刀杆的定心轴柄，其空心内孔用于穿过拉杆将_______或____________拉紧。

2. X6132型卧式万能升降台铣床的孔盘变速操纵机构主要由________、________、________和________组成。

3. X6132型卧式万能升降台铣床工作台的纵向进给和快速移动一般采用________传动。工作部分由__________、________、__________三层组成。

4. X6132型卧式万能升降台铣床主轴的旋转精度主要由________和________来保证，后支承只起__________的作用。

5. X6132型卧式万能升降台铣床主轴前支承采用__________轴承，用于承受径向力和向左的轴向力；中间支承采用__________轴承，以承受________力和__________力；后支承为___________轴承，只承受径向力。

二、判断题（正确的打"√"，错误的打"×"）

1. 在切削加工中，可通过飞轮的惯性使主轴运转平稳，以减轻铣刀间断切削引起的振动。（　）

2. 铣刀安装在刀杆的轴向位置上，可用不同厚度的刀杆垫圈进行调整。（　）

3. 变速时，为了使滑移齿轮在改变啮合位置时易于啮合，通常可用手转动铣刀改变齿轮位置。（　）

4. X6132型卧式万能升降台铣床工作台纵向进给往复运动的切换是通过电动机正反转实现的。（　）

5. X6132型卧式万能升降台铣床的主轴是通过拨叉直接改变传动齿轮的啮合来实现变速的。（　）

三、简答题

1. X6132型卧式万能升降台铣床主轴为什么采用三支承结构？

2．根据图 3–1 所示 X6132 型卧式万能升降台铣床主轴变速操纵机构，描述主轴变速机构变速操作过程。

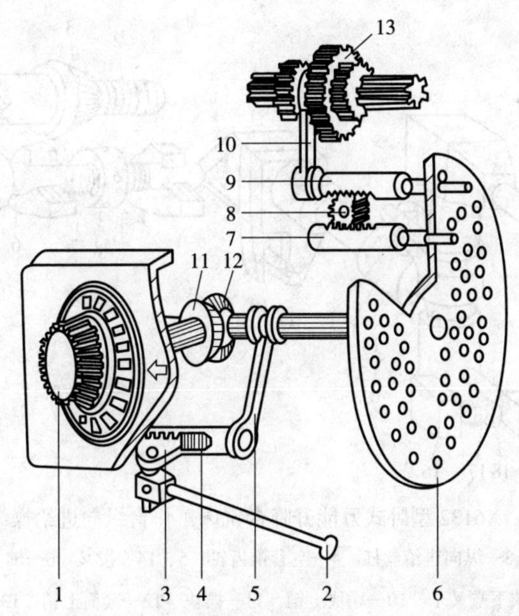

图 3–1　X6132 型卧式万能升降台铣床主轴变速操纵机构

1—速度盘　2—手柄　3—扇形齿轮　4—齿条　5—连杆　6—孔盘

7、9—齿条轴　8—齿轮　10—拨叉　11、12—锥齿轮　13—三联滑移齿轮

3．根据图 3-2 所示 X6132 型卧式万能升降台铣床工作台纵向进给操纵机构，描述工作台纵向进给操作的步骤及工作原理。

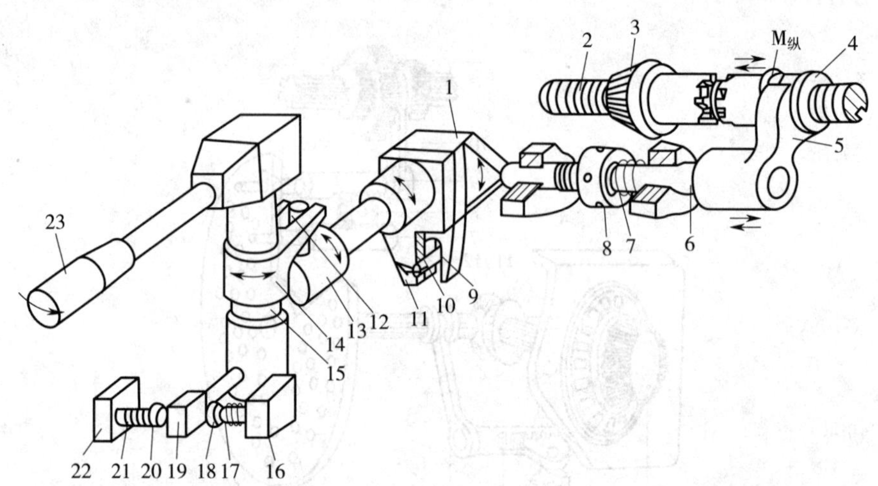

图 3-2　X6132 型卧式万能升降台铣床工作台纵向进给操纵机构

1—凸块　2—丝杠　3—纵向进给丝杠　4—空套锥齿轮　5、14—拨叉　6—轴　7、17、21—弹簧　8—调整螺母　9—凸块下端叉子　10—摆块上销　11—摆块　12—套筒上销　13—套筒　15—垂直轴　16—微动开关（SQ_1）　18、20—可调螺钉　19—压块　22—微动开关（SQ_2）　23—手柄

第四节　铣床的常用附件

一、填空题（将正确答案填写在横线上）

1．机用虎钳有________型和________型两种，常用的是__________。机用虎钳由________、________、________、________等组成。

2．固定型机用虎钳与回转型机用虎钳的结构基本相同，只是底座没有________，钳体不能________。回转型机用虎钳可以在水平方向扳转________角度，其适应性很强。

3．万能分度头的规格通常用________表示，常用的规格有________mm、________mm、

________ mm 等，分度头的型号由____________________和__________两部分组成。

4. 分度叉由两个叉脚组成，其开合角度的大小按______________________________予以调整和固定。分度叉的功用是______________和______________。

5. 分度头主轴是一__________轴，F11125 型分度头主轴前后两端均为________锥孔，前锥孔用来安装__________或__________，后锥孔用来安装__________。

6. 由万能分度头传动系统可知，分度手柄转过________转，分度头主轴转过________转，即传动比为____________，“40”称为分度头的__________。

7. 简单分度法是以工件的____________作为分度计算的依据，而角度分度法是以工件________________________作为分度计算的依据。

8. 在卧式铣床上安装万能铣头，不仅能完成各种__________的工作，而且还可以根据铣削的需要，把铣头主轴扳成____________。

9. 回转工作台根据回转轴线方向的不同分为__________和__________两种，铣床上常用的是____________回转工作台；按对其施力方式的不同，回转工作台分为____________和____________两种。

10. 回转工作台的规格以圆工作台的外径表示，有_________ mm、_________ mm、______ mm、________ mm、________ mm、________ mm、________ mm、________ mm 和________ mm 等规格，常用规格有________ mm、________ mm、_______ mm 和_______ mm 四种。

11. 回转工作台主要用于中小型工件的____________和________________________，如铣削工件上的________________、____________、________________和有分度要求的________或________等。

二、判断题（正确的打“√”，错误的打“×”）

1. 万能分度头只能进行圆周等分。（　）

2. 回转型机用虎钳的刚度高于固定型机用虎钳。（　）

3. 分度盘有若干圈在圆周上均布的定位孔，作为各种分度计算和实施分度的依据。（　）

4. 分度手柄用于分度，摇动分度手柄，主轴按一定传动比回转。（　）

5. 差动分度时，为了便于选用交换齿轮，应选取 Z_0（假设的分度数）大于 Z（所要求的分度数）且与 40 有公因数的数值。（　）

6. 万能铣头主轴能在空间偏转成所需要的任意角度。（　）

7. 机动进给回转工作台只能机动进给。（　）

三、选择题（将正确答案的代号填入括号内）

1. 铣床上最常用的分度头是（　），其中心高为 125 mm。

A. F1163　B. F11125　C. F11250　D. FW250

2. F11100 型分度头的中心高度是（　）mm。

A. 100　B. 240　C. 200　D. 1 100

3. F11125 型分度头定数是 40，表示（　）。

A. 传动蜗杆的直径为 40 mm　B. 主轴上蜗轮的模数为 40 mm

C. 主轴上蜗轮的齿数为 40　D. 传动比为 40

4．分度头蜗杆副的传动比是（　　）。

A．1 ∶ 100　　B．1 ∶ 40　　C．1 ∶ 220　　D．40 ∶ 1

5．分度头的分度盘圈数最少（最多）是（　　）。

A．24（62）　　B．24（66）　　C．30（66）　　D．44（59）

6．不是整转数的分度（如 24/66）通过分度头的（　　）达到分度要求。

A．分度叉　　B．分度盘　　C．主轴刻度盘　　D．分度插销

四、简答题

1．万能分度头的主要用途有哪些？

2．万能分度头由哪些部分组成？各部分的功用是什么？

五、计算题

1．在 F11125 型万能分度头上装夹工件，铣削直齿圆柱齿轮，齿数 z=35，试求每铣一齿后分度手柄转过的转数。

2. 在 F11125 型万能分度头上装夹工件，铣削夹角为 116° 6′的两条槽，求分度手柄转过的转数。

3. 在 X6132 型卧式万能升降台铣床上，用 F11125 型万能分度头加工齿数为 77 的直齿圆柱齿轮，试进行分度调整计算。

第五节　其他类型铣床

一、填空题（将正确答案填写在横线上）

1. 立式升降台铣床主轴安装在__________内，可沿自身轴线在__________ mm 范围内做手动进给运动；立铣头可在与主轴垂直的平面内实现__________范围内偏转，使主轴与工作台面倾斜成____________，以扩大铣床的工艺范围。

2. 龙门铣床有由__________、____________和__________构成的龙门式框架。通用的龙门铣床一般有________个铣头，分别安装在左右立柱和__________上。

3. 龙门铣床的每个铣头都是一个独立的________________部件，其中包括________________、____________、____________、____________和____________等部分。

4. 根据加工需要，万能工具铣床还可安装其他附件，如__________________、________________、__________、____________、__________、__________等，因而扩大了铣床的万能性。

5. 大型、重型和超重型龙门铣床用于加工__________________中的大型、重型零件，它仅有________个铣头，但配备有多种________和________附件，所以能满足各种加工的需要。

二、判断题（正确的打“√”，错误的打“×”）

1. 立式升降台铣床是一种生产效率比较高的机床，用途广泛，加工范围大，通用性强，是铣削加工常用的铣床。（　　）

2. 龙门铣床加工时，工作台带动工件做横向进给运动。（　　）

3. 万能工具铣床的万能性较强，加之机床功率不大，故常用于工具车间，加工形状复杂的各种切削刀具、夹具和模具零件等。（　　）

三、简答题

1. 立式升降台铣床与卧式万能升降台铣床的主要区别是什么？

2. 龙门铣床和万能工具铣床各有什么特点？

第四章　磨　床

第一节　磨床的工艺范围及其组成

一、填空题（将正确答案填写在横线上）

1. 磨削加工是指用磨料磨具（__________、________、________和________等）作为工具来切除多余材料的加工方法。

2. 在一般加工条件下，磨削加工精度可达______________________级，表面粗糙度值为___________________________；在高精度外圆磨床上进行精密磨削时，尺寸精度可达____________，圆度可达____________，表面粗糙度值可控制到____________________；精密平面磨削的平面度可达_________________________。

3. 磨削加工常见的类型有___________、__________、__________、___________、____________、__________、__________、__________、__________。

4. M1432A 型万能外圆磨床床身是一个__________铸件，用来支承磨床的各个部件，在床身上面有___________和____________两组导轨，____________上装有上工作台、下工作台，____________上装有砂轮架。

5. M1432A 型万能外圆磨床头架和尾架都安装在_________上。头架上装有__________，可用__________或__________夹持工件，并带动工件旋转，头架上的____________可以使工件获得不同的转速。

6. M1432A 型万能外圆磨床内圆磨具用于磨削______________。在它的主轴上可装上__________________，由一个电动机经传动带直接传动。

二、判断题（正确的打“√”，错误的打“×”）

1. 磨削使用的工具主要是高速旋转的砂轮，它能以极高的圆周速度磨削工件，并能加工各种高硬度材料的工件。（　　）

2. M1432A 型万能外圆磨床磨削不同长度的工件只能依靠尾架的调整，而头架不能移动。（　　）

3. M1432A 型万能外圆磨床内圆磨具装在可绕铰链回转的磨架上，不用时翻向砂轮架的上方，使用时翻向下方。（　　）

三、选择题（将正确答案的代号填入括号内）

1. 下列磨床不属于工具磨床的是（　　）。

A. 工具曲线磨床　　B. 花键轴磨床

C. 钻头沟槽磨床　　D. 丝锥沟槽磨床

2. M1432A 型万能外圆磨床最大内圆磨削长度为（　　）mm。

A. 125　　B. 320　　C. 50　　D. 1 000

3. M1432A 型万能外圆磨床砂轮尺寸（外直径 × 厚度 × 内直径）为（　　）。

A．350 mm × 40 mm × 127 mm　　B．400 mm × 50 mm × 203 mm
C．400 mm × 50 mm × 127 mm　　D．350 mm × 40 mm × 203 mm

四、简答题

1．磨床的种类有哪些？

2．现代磨床的主要发展趋势是什么？

第二节　M1432A 型万能外圆磨床的传动系统

一、填空题（将正确答案填写在横线上）

1．M1432A 型万能外圆磨床主要用于磨削__________或__________的内外圆表面，还可以磨削台阶轴的__________和__________。

2．M1432A 型万能外圆磨床由液压传动系统配合机械传动系统来实现的运动有__________、__________、__________、__________等。

3．M1432A 型万能外圆磨床砂轮主轴由__________ r/min、__________ kW 的电动机驱动，经__________直接传动，使主轴获得__________ r/min 的转速。

4．M1432A 型万能外圆磨床液压传动系统由__________、__________、__________、__________、__________、__________等部件组成。

二、判断题（正确的打"√"，错误的打"×"）

1．M1432A 型万能外圆磨床工艺范围较广，磨削效率高，适用于批量生产。　（　　）

2．M1432A 型万能外圆磨床的所有运动都是由液压传动系统完成的。　（　　）

3．M1432A 型万能外圆磨床横向进给和砂轮的快速引进、退出均为液压传动。（　　）

三、简答题

1．M1432A 型万能外圆磨床典型的加工方法有哪些？

2．M1432A 型万能外圆磨床应具备的运动有哪些？

3．M1432A 型万能外圆磨床工作台的纵向进给运动系统（见教材图 4–5）中小油缸的作用是什么？

第三节　外圆磨床的主要结构

一、填空题（将正确答案填写在横线上）

1．砂轮架由__________、__________________、____________与__________等组成。它应保证砂轮主轴有较高的____________、__________、__________和__________。

2．砂轮架中，砂轮主轴以____________定位，前端通过__________安装砂轮，后端通过__________安装带轮。主轴的前后支承均采用“短三瓦”____________轴承，每个轴承由均布在圆周上的三块____________组成。

3．砂轮工作时的圆周速度很高，为了保证砂轮运转平稳，采用__________直接传动至砂轮主轴。装在主轴上的零件都要仔细经过__________校正，整个主轴部件还要经过__________校正。

4．磨削内圆时因砂轮直径较小，为达到一定的磨削速度，要求砂轮轴具有________的转速，因此，内圆磨具除了应保证主轴在________下运转平稳，还应具有足够的__________和__________。

5．头架上的双速电动机经__________________和____________带动工件转动，可得到

________级转速；带的张紧分别靠__________________和__________________实现。

6. 中小型外圆磨床的尾座一般都用__________预紧工件，以便磨削过程中工件因热胀而伸长时，可____________补偿，避免引起__________________和__________________。

7. 横向进给机构的工作进给有__________的，也有__________的，调整位移一般用__________，而定距离的快速进退通常都采用____________。

8. 横向进给机构的周期自动进给由__________________驱动。砂轮架的定距离快速进退运动由__________实现。

9. 头架壳体可绕__________上的轴销转动，调整头架位置的角度范围为逆时针方向____________。

二、判断题（正确的打“√”，错误的打“×”）

1. 砂轮主轴悬浮在轴承中心而呈纯液体摩擦状态。（ ）

2. 砂轮主轴两端采用橡胶油封实现密封。（ ）

3. 内圆磨具主轴前后轴承各用两个 P5 级精度的圆锥滚子轴承支承。（ ）

4. 头架主轴支承在四个 P5 级精度的角接触球轴承上；修磨隔套的厚度，可对轴承进行预紧，以保证主轴部件的刚度和旋转精度。（ ）

5. 尾座套筒在装卸工件时，只能进行手动退回。（ ）

三、简答题

1. 头架主轴的工作方式有哪几种？

2. 尾座的功用是什么？

3. 横向进给机构的功用及要求是什么？

4. 描述定程磨削时砂轮架行程终点位置的调整方法。

第四节　磨床的常用附件

一、填空题（将正确答案填写在横线上）

1. 砂轮在安装前必须检查砂轮是否有________。在实际应用中，一般采用__________和____________________的方法来检查。

2. 为使砂轮平稳地工作，一般对于直径大于__________ mm 的砂轮都要进行平衡；在实际应用中，一般采用__________。

3. 砂轮工作一定时间后，会出现____________、____________、____________等情况，这时需要对砂轮进行修整，使已磨钝的磨粒脱落，恢复砂轮的____________和____________。砂轮常用____________进行修整。

4. 在平面磨床上，常采用____________吸住工件。当磨削键、垫圈、薄壁套等小尺寸的工件时，需在工件四周或左右两端用__________围住，以防工件移动；装夹高度较高而定位要求较严的工件时，应在工件四周放置__________、____________________的挡板。

5. 顶尖用来装夹工件，确定工件的____________，承受工件的__________和磨削时的__________。

6. 顶尖由__________、__________、__________组成。顶尖的头部为____________，颈部为____________，柄部为____________。

7. 安装砂轮时，应将砂轮松紧合适地套在砂轮主轴上，并在砂轮和法兰盘之间垫上__________或____________制成的弹性垫圈。

二、判断题（正确的打"√"，错误的打"×"）

1. 砂轮静平衡调整操作时，使砂轮在平衡架导轨上快速滚动并观察其不平衡的位置。（　　）

2. 修整砂轮时要用大量的切削液，以避免金刚石笔因温度剧升而破裂。（　　）

3. 顶尖是专用夹具，广泛用于外圆磨削中。（　　）

三、选择题（将正确答案的代号填入括号内）

1. 安装砂轮时，应将砂轮松紧合适地套在砂轮主轴上，并在砂轮和法兰盘之间垫上（　　）mm 厚的弹性垫圈。

A．2 ~ 4　　B．1 ~ 2

C．0.5 ~ 1　　D．1 ~ 3

2. 砂轮静平衡调整时，安装平衡心轴，心轴的外圆锥面与砂轮法兰应有（　　）的接触面，并用螺母锁紧。

A．75%　　B．64%

C．80%　　D．100%

四、简答题

1．简述砂轮静平衡的方法。

2．砂轮静平衡调整时，如何调整平衡架导柱面的水平位置？

3．简述电磁吸盘的工作原理。

4．简述顶尖的种类及其使用场合。

第五节　其他类型磨床

一、填空题（将正确答案填写在横线上）

1．内圆磨床的主要类型有________、________和________。

2．M7130H 型卧轴矩台平面磨床的床身为________，上面有________和________。

3．立轴圆台平面磨床的工作台是一个________。磨削时，工作台________，砂轮既做________，也定时做________。

4. 无心外圆磨床没有______，而是由______支持工件，用砂轮进行磨削。

二、判断题（正确的打“√”，错误的打“×”）

1. 内圆磨床只可以磨削圆柱形的通孔、不通孔和阶梯孔。（ ）

2. M2110 型内圆磨床的主轴箱通过底板固定在工作台的左端，不可移动或转动。（ ）

3. 装卸工件或磨削过程中测量工件尺寸完成后，内圆磨床的工作台会快速向右移动，而后自动转换为进给速度。（ ）

4. M7130H 型卧轴矩台平面磨床的电磁吸盘用于装夹钢、铸铁、陶瓷等有平面的工件。（ ）

5. M7130H 型卧轴矩台平面磨床的磨头可通过液压传动，也可做手动进给运动。（ ）

6. M7130H 型卧轴矩台平面磨床滑板上的矩形导轨为水平方向，用以使磨头横向移动。（ ）

三、选择题（将正确答案的代号填入括号内）

1. 常见平面磨床中，（ ）的应用最广。

A. 卧轴矩台平面磨床和卧轴圆台平面磨床

B. 卧轴矩台平面磨床和立轴矩台平面磨床

C. 卧轴矩台平面磨床和立轴圆台平面磨床

D. 卧轴矩台平面磨床和双端面磨床

2. 无心外圆磨床中，（ ）控制工件的旋转。

A. 磨削砂轮　B. 调整轮　C. 工件支架　D. 托板

四、简答题

图 4-1 是普通内圆磨床的四种磨削方法，在横线上写出各种磨削方法的名称。

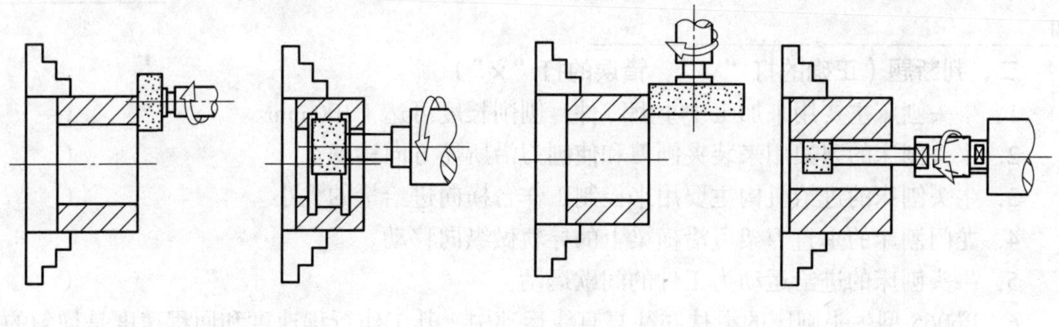

______　______　______　______

图 4-1　普通内圆磨床的磨削方法

第五章　刨床与钻床

第一节　刨　　床

一、填空题（将正确答案填写在横线上）

1．牛头刨床主要由________、________、________、________、________、________等主要部件组成。

2．牛头刨床的床身内部有__________机构和驱动滑枕的__________机构。

3．牛头刨床的滑枕前端装有__________，用来带动刨刀做__________运动，实现刨削。

4．牛头刨床刀架上的抬刀板起到__________和__________的作用。

5．牛头刨床工作台下方的支架可防止工作台在刨削过程中产生________和________现象。

6．牛头刨床中曲柄摇杆机构的主要作用是把电动机的__________转换为滑枕的____________运动。

7．龙门刨床刀架的滑板部分用来控制__________。

8．B6065 型牛头刨床工作台横向水平的间歇进给运动是由__________实现的。

9．龙门刨床工作台的变速、换向等动作是由工作台侧面的__________压动床身上的__________，并通过__________来实现的。

10．为了防止发生由于操作错误而造成的事故，龙门刨床进给箱内装有__________和__________________________。

二、判断题（正确的打“√”，错误的打“×”）

1．牛头刨床主要用来加工中小型零件，刨削长度可达 1 100 mm。（　　）

2．牛头刨床的刀架用来装夹刨刀和使刨刀沿所需方向移动。（　　）

3．牛头刨床的进给机构主要用来控制工作台横向进给量的大小。（　　）

4．龙门刨床的垂直刀架可沿横梁上的导轨做纵向移动。（　　）

5．牛头刨床的进给运动为工件的间歇运动。（　　）

6．B6065 型牛头刨床的滑枕在往复直线运动中，其工作行程速度和回程速度是均匀的。（　　）

三、选择题（将正确答案的代号填入括号内）

1．（　　）的精度将直接影响龙门刨床的工作精度。

A．床身　　B．工作台　　C．刀架　　D．横梁

2．龙门刨床的侧刀架安装在（　　）上。

A．工作台　　B．横梁　　C．立柱　　D．导轨

3．龙门刨床刀架除了可安装刀具，还可以按加工的需要在（　　）范围内摆动。

A．0° ~ 60°　　B．0° ~ 45°　　C．−45° ~ 45°　　D．−60° ~ 60°

4．龙门刨床的主运动是（　　）。

A．刨刀的横向移动　　B．刨刀的垂直间歇移动

C．工作台带动工件的直线运动　　D．工作台带动工件的直线往复运动

5．龙门刨床工作台的移动速度最低可达到（　　）。

A．1 m/s　　B．1 m/min　　C．1 mm/s　　D．1 mm/min

6．龙门刨床的进给箱共有（　　）个。

A．1　　B．2　　C．3　　D．4

四、简答题

1．普通牛头刨床有哪几种传动形式？简述各传动形式的特点和应用。

2．根据图 5-1 所示龙门刨床工作台的速度变化情况，简述工作台的速度变化规律。

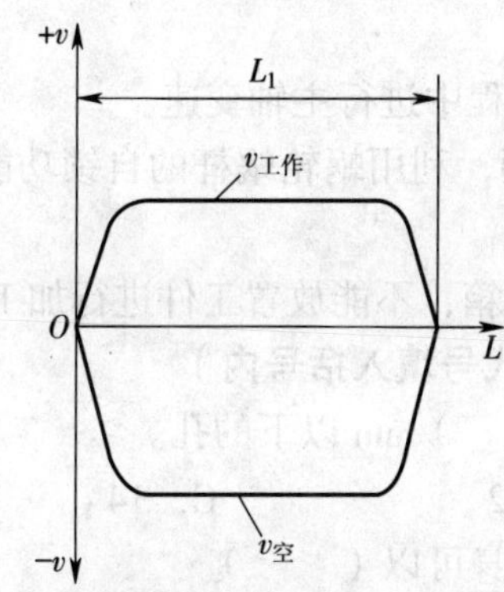

图 5-1　龙门刨床工作台的速度变化示意图

第二节 钻 床

一、填空题（将正确答案填写在横线上）

1．常用的钻床有____________、____________和____________等。

2．Z4112 型台钻的底座中间有两条__________，用来____________________。

3．Z4112 型台钻的主轴下端制有__________，主要用来安装孔加工刀具及__________。

4．Z4112 型台钻的主运动为主轴的__________，其传动路线为：电动机→__________→__________→__________→主轴。

5．Z525B 型立钻的传动系统包括________________、____________________和________________三个部分。

6．摇臂钻的摇臂可绕立柱__________和__________，且主轴箱可在__________上做________移动。

二、判断题（正确的打“√”，错误的打“×”）

1．在钻床上加工时，刀具做主运动旋转，工件做轴向进给运动。（ ）

2．台钻可安装在作业台上，操作方便、灵活，易于维修。（ ）

3．Z4112 型台钻只能手动进给。（ ）

4．立钻只能自动进给。（ ）

5．Z525B 型立钻可在使用过程中进行主轴变速。（ ）

6．通过转动工作台升降手柄，利用蜗轮蜗杆的自锁功能可使工作台沿立柱停留在所需高度。（ ）

7．立钻的底座是机床的冷却箱，不能放置工件进行加工。（ ）

三、选择题（将正确答案的代号填入括号内）

1．台钻可钻、扩直径为（ ）mm 以下的孔。

A．10　B．12　C．14　D．16

2．Z4112 型台钻的工作台自身可以（ ）。

A．左右倾斜 45°　B．左右倾斜 60°

C．上下倾斜 45°　D．上下倾斜 60°

3．Z4112 型台钻的主轴变速机构可实现（ ）级不同的转速。

A．2　B．3　C．4　D．5

4．Z525B 型立钻的进给运动是（ ）。

A．主轴的升降　B．主轴的旋转

C．主轴的轴向移动　D．工作台的升降

5．（ ）适用于在中大型零件上进行钻孔、扩孔、铰孔、锪平面及攻螺纹等操作。

A．Z4112 型台钻　B．Z525B 型立钻

C．Z3050×16（Ⅰ）型摇臂钻　D．以上都可以

6．Z3050×16（Ⅰ）型摇臂钻的传动系统不包括（ ）。

A．主轴回转　　　　　　　　　　B．主轴进给

C．摇臂升降　　　　　　　　　　D．摇臂旋转

四、简答题

简述 Z3050×16（Ⅰ）型摇臂钻的特点。